发明和探索系列

飞机妙趣探索

[意] 埃利诺·巴索迪（Eleonora Barsotti） 著
李恋恋　严惠丹　译

VIA AIR MAIL

机械工业出版社
CHINA MACHINE PRESS

从热气球到简易飞行器，再到现代最先进的高科技飞机的发明问世，可以看出自古以来人们就怀抱着远大的飞行梦想并不断创新实践。本书介绍了古今中外各种飞行工具的奇妙设计和传奇故事。让我们一起探索飞机的妙趣吧！

图书在版编目（CIP）数据

飞机妙趣探索 /（意）埃利诺·巴索迪（Eleonora Barsotti）著；李恋恋，严惠丹译．— 北京：机械工业出版社，2016.2（2022.11 重印）

书名原文：First Discoveries：Planes

ISBN 978-7-111-54047-2

Ⅰ．①飞…　Ⅱ．①埃…　②李…　③严…　Ⅲ．①飞机－少儿读物
Ⅳ．①V271-49

中国版本图书馆 CIP 数据核字（2016）第 134206 号

机械工业出版社（北京市百万庄大街 22 号　邮政编码 100037）

策划编辑：杜凡如　连景岩　责任编辑：杜凡如　连景岩

责任校对：陈延翔　封面设计：马精明

责任印制：常天培

北京瑞禾彩色印刷有限公司印刷

2022 年 11 月第 1 版第 2 次印刷

230mm × 230mm · 2 印张 · 2 插页 · 36 千字

标准书号：ISBN 978-7-111-54047-2

定价：23.80 元

电话服务　网络服务

客服电话：010-88361066　机　工　官　网：www.cmpbook.com

010-88379833　机　工　官　博：weibo.com/cmp1952

010-68326294　金　书　网：www.golden-book.com

封底无防伪标均为盗版　机工教育服务网：www.cmpedu.com

目 录

早期的飞行器

列奥纳多·达·芬奇十分善于观察。他知道人类没有翅膀，因此很难实现飞翔的愿望。于是，他想到利用一个弹簧装置增加推力来实现这个愿望，但是这项工作十分艰辛。由于没有发现其他更好的推进方法，达·芬奇便转而研究滑翔飞行，这一方法在今天被应用于滑翔机。

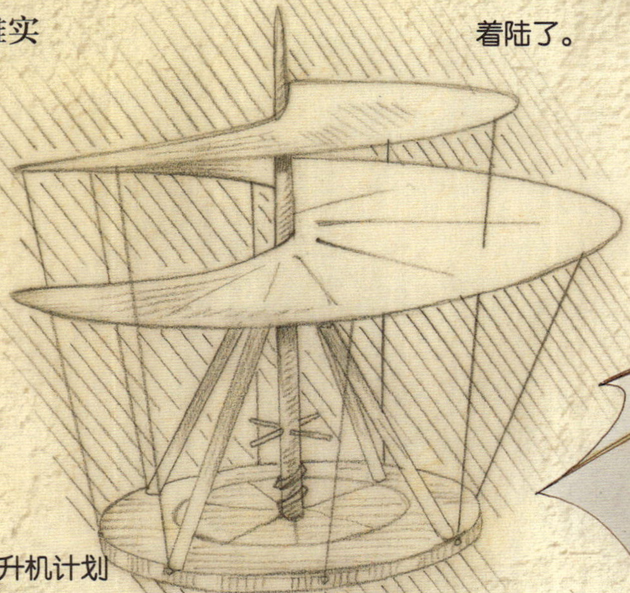

直升机计划

达·芬奇在观察鸟类飞行后，受到启发，为飞行器上的翼安装了“襟翼”，这样就更容易实现起飞和着陆了。

达·芬奇丰富的想象力和发明家的潜质是他研究飞行计划的源泉。虽然经历过失败，但是他仍然通过细心观察鸟类飞行的每一个步骤，继续从事自己的研究。他设计了不同种类的固定翼和活动翼。

人们需要用手和脚来扇动飞行机器的翼。

今天，坐飞机已成为了一种方便快捷的出行方式。早在文艺复兴时期，天才达·芬奇就提出了一种假设：人类将能够悬浮在空中。

通过细心的研究，达·芬奇成功设计出了各种各样的飞行器。尽管人们从未使用过这些原型机，达·芬奇也仍然是人类飞行的先驱人物。

热气球

大约在1700年初，巴泰勒米·德·古斯芒就已经成功地利用充满热空气的气球从地面起飞了。

人们认为是让-弗朗索瓦·罗齐埃完成了首次热气球飞行，他于1783年10月15日从巴黎起飞。

1670年，弗朗西斯科·特尔齐神父设计出了一种小型木船，它利用四个抽出空气的球体产生的升力起飞。然而这项设计从未投入实践，因为当时无法制造出足够轻且足够坚固的可以承受外部空气压力的密闭球体。

约瑟夫·蒙特哥菲尔和埃蒂安·蒙特哥菲尔两兄弟制造了第一个热气球并成功地实现了飞行。

他们在观察烟囱里飘起的一张纸片后产生了利用热空气的想法。

1783年9月19日，一只公鸡、一只羊和一只鸭子成了第一次登上蒙特哥菲尔兄弟设计的热气球的“乘客”，这些动物飞到了凡尔赛宫的上空。这件事激起了许多人的好奇心，并且由于这次成功的飞行，人们也受到鼓舞，继续从事着实现人类飞行梦想的研究。

飞行先锋

内燃机的发明使人们有可能制造出比空气更重的飞行器。法国工程师克莱蒙·阿德便是实现这一技术的先锋者之一。1890 年 10 月 9 日，他完成了第一次在“风神”号上的飞行。阿德设计的飞行器外形像一只大蝙蝠，翼展长达 14 米。飞行器由一台蒸汽机驱动，由蒸汽机带动一个四叶螺旋桨旋转。虽然“风神”号并没有真正飞起来，但是实现了巨大的飞跃。

德根设计的飞行器，被称为扑翼机。

在热气球第一次飞向天空的同时，人类继续尝试借助活动翼飞行。其中，雅各布·德根设计的扑翼机便是最令人好奇的飞行器之一。该机器包括两个活动翼和一个热气球。

埃克维侯爵制造出了一种奇怪的飞行器。为了使飞行器可以飞得更高，他增加了展翼的表面积。然而，飞行器还是太重，因此无法飞离地面。

飞行员站在埃克维侯爵制造的多翼飞机的圆形骨架的中心位置，这种圆形骨架固定了许多展翼。

莱特兄弟

1903年12月17日清晨，莱特兄弟制造的第一架飞机“飞行者1号”已经准备好起飞。这两位飞机发明者将他们的滑翔机安装上一台约8.95千瓦的发动机，这台发动机通过一条自行车链条带动两个螺旋桨旋转。奥维尔·莱特进行了首次尝试。他操纵飞机成功前进了36.5米并飞行了12秒。他的哥哥，威尔伯·莱特尝试进行了第二次飞行。现代航空的历史就此拉开帷幕。

尽管奥托·李林塔尔在使用他发明的滑翔器飞行时不幸身亡，但是人们对飞行器依然热情高涨。

“飞行者1号”上有一种装置，飞行员利用这个装置可以改变机翼的形状，这样就改善了飞机在改变方向时的可操作性。

受到奥托·李林塔尔研究的启发，莱特兄弟决定制造他们的第一架滑翔机。他们从 1900 年 9 月开始利用各种形式的翼制作了各种不同的模型。他们制造的飞机的最终版本有两个机翼（一个位于另一个的上方）、两个用于起飞及降落的滑橇、一个用于上升以及下降的位于前方的升降舵，以及一个用于改变方向的位于后部的方向舵。当飞机终于准备就绪时，莱特兄弟在美国的基蒂霍克海滩完成了他们的飞行试验。

著名飞行员

1909 年 7 月，路易·布莱里奥成为第一个驾驶飞机成功飞越英吉利海峡的人。这种“布莱里奥 11 号”单翼飞机的飞行航程达到了 38 千米，这次成功飞行引起了人们极大的兴趣，作为飞机制造者的他也因此赢得了大量订单。

曼弗雷德·冯·里希特霍芬是一位著名的德国飞行员，绰号“红男爵”。在第一次世界大战中，他驾驶一架红色“福克”飞机击落了 80 架敌军飞机。

1927 年，查尔斯·林德伯格实现了首次中间无着陆的跨大西洋飞行。他从纽约驾驶“圣路易斯精神号”飞机起飞，大约经过 33 个小时的飞行后在巴黎降落。

VIA AIR MAIL

1932 年，阿梅莉亚·埃尔哈特成为第一位独自飞越大西洋的女飞行员。1935 年，她驾驶飞机独自出发，从夏威夷一直飞至圣弗朗西斯科。1937 年，她驾驶洛克希德公司生产的“伊莱克特拉号”飞机开始了环游世界之旅，但最终飞机和机组人员却在离开巴布亚新几内亚后消失了。

飞　艇

“齐柏林 127 号”飞艇是取得最杰出成就的一艘飞艇，仅用 21 天就实现了环游世界之旅。

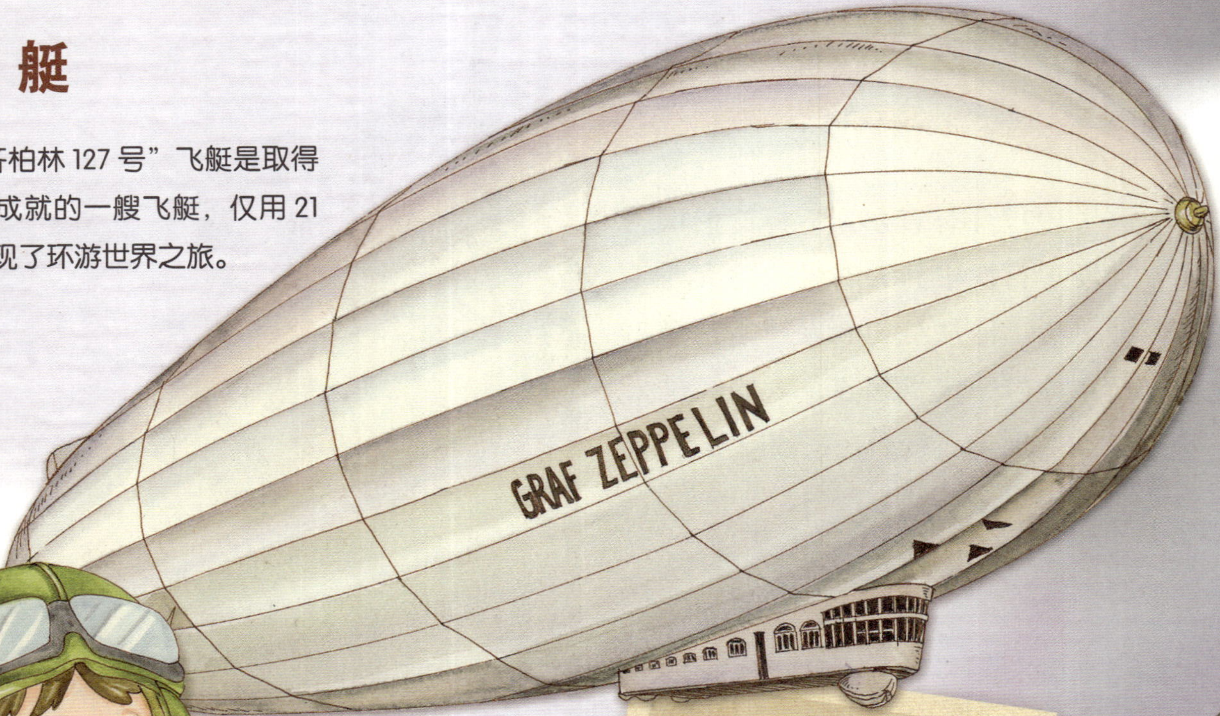

1928 年，“齐柏林伯爵号”飞艇执行德国和美国之间的直飞航班。

1852 年，被制造成纺锤形并且带有一台蒸汽发动机的飞艇问世。最主要的飞艇制造者是斐迪南・冯・齐柏林伯爵。“齐柏林 LZ1 号”飞艇在 1900 年进行了第一次飞行。

飞艇长 200 多米，凭借流线型的外形以及强大的发动机，其速度可达到 130 千米 / 小时。

翁贝托·诺比尔是一位意大利飞艇制造家。他利用自己制造的飞艇开展飞越北极的挑战。1926 年，诺比尔与另外两位极地探险家乘坐“挪威号”飞艇成功实现了这个挑战目标。1928 年，他驾驶“意大利号”飞艇又进行了一次新的飞越。但不幸的是，“意大利号”坠毁了，而艇上仅有十人成功脱险。

直升机和水上飞机

法国工程师保罗·科尔尼制造并试飞了第一架直升机，这架直升机能够利用内燃机带动叶片产生的作用力飞离地面。

1940年，伊戈尔·西科斯基驾驶了一架装有一只小型后方螺旋桨的直升机，这架直升机的机身能够处于更加平稳的状态。 这种新型系统后来被用于所有新机型。

西班牙工程师谢巴成功实现了旋翼机的飞行，这是一种飞机和直升机的奇怪组合。

VIA AIR MAIL

水上飞机在 20 世纪 30 年代得到了广泛应用。人们将它视为水上远距离中途不停靠飞行中最安全的交通工具。水上飞机豪华而快捷，并且能够在海洋航行，停靠在横渡大西洋的船只面前。大型的水上飞机可以搭乘多达 70 名乘客。水上飞机配有动力强劲的发动机，飞行速度高达 250 千米 / 小时以上。

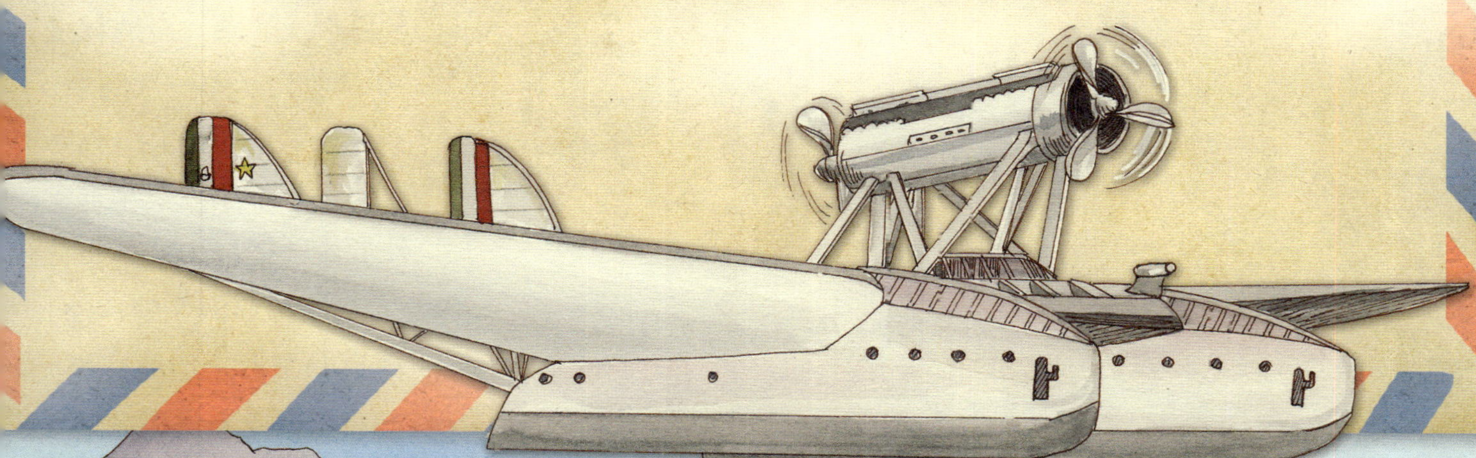

滑翔机

早在2000多年前，中国就已经有人制造出了用于在庆典时放飞的风筝。这些风筝的使用启发人类开始设计滑翔机。

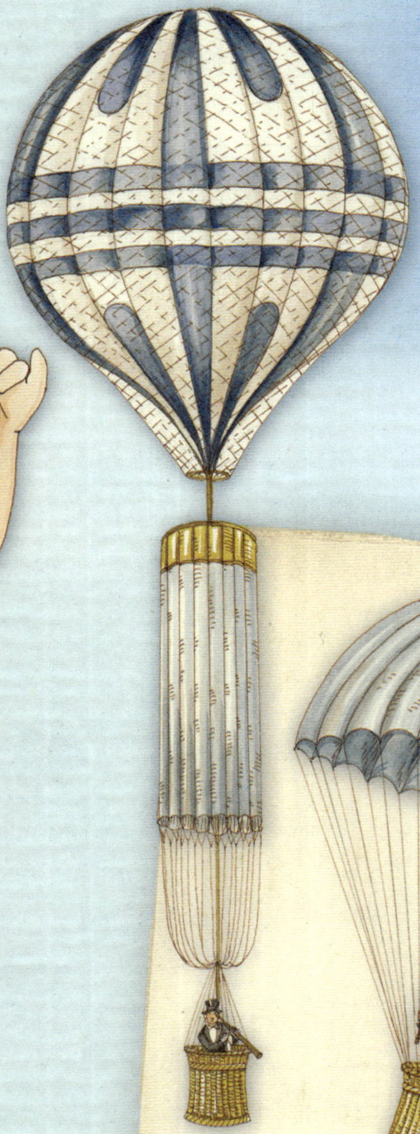

1797年10月22日，安德烈-雅克·加纳林成功地进行了第一次跳伞。跳伞装置的直径为7米，还带有一个吊篮，外形像一把巨大的雨伞，被一个气球吊起。在到达海拔1000米的高空时，加纳林松开了气球并利用降落伞安然无恙地降落到地面。

悬挂式滑翔机的飞行员系上背带之后，便受到来自机翼上方的空气作用力而向下降，飞行员可以通过操纵方向杆以及移动身体的重心来选择飞行的方向。

现代降落伞的帆用聚酰胺制成，这是一种坚韧的轻型材料。人们可以通过控制帆的形状和倾斜度来改变降落的方向。

运输机

在第一次世界大战末期，人们选择飞机作为出行工具成为迅速兴起的风潮。1919 年夏天，从伦敦至巴黎的航线开通。

1969 年，当波音 747 飞机投入使用时，它超大的尺寸令人们惊叹不已。飞机的机身长 70 米，高度略低于 20 米，机身宽 6 米，可以搭载 400 多名乘客，是名副其实的大型飞机。波音 747 的较新机型的乘客座位数量达 550 多个，并且飞机在中途不停靠的情况下续航距离长达 13000 千米。凭借四个强大的涡轮风扇发动机，飞机能够以 965 千米 / 小时的巡航速度飞行。